AF456686

MÉMOIRE

SUR LA

CONSTRUCTION, LE PERFECTIONNEMENT ET L'AMÉLIORATION

DES

INSTRUMENTS ARATOIRES

EN GÉNÉRAL,

ET PARTICULIÈREMENT SUR LA

CHARRUE A VERSOIR

PARTIE MOBILE OU A TOURNE-OREILLE;

PAR

L.-N. ALBOY,

[illegible] au Bois-[illegible]

SENLIS

IMPRIMERIE ET LITHOGRAPHIE DE CHARLES DURIEZ,

7, RUE NEUVE-DE-PARIS.

1844

DIVISION.

—

CHAPITRE I. De la construction, de l'amélioration et du perfectionnement des instruments aratoires.

CHAPITRE II. Considérations mathématiques sur la force motrice nécessaire aux instruments aratoires.

CHAPITRE III. Considérations mathématiques sur la forme des parties destinées à trancher ou à retourner la terre, c'est-à-dire, sur les socs, coutres, versoirs, dents houeuses et extirpatrices.

CHAPITRE IV. De la charrue à versoir partie mobile ou à tourne-oreille perfectionnée et améliorée. Ses avantages sur les anciens systèmes, résultant de l'application des principes énoncés précédemment.

CHAPITRE V. Plan et explication de la charrue à versoir partie mobile perfectionnée et améliorée.

MÉMOIRE

SUR LA CONSTRUCTION, LE PERFECTIONNEMENT ET L'AMÉLIORATION

DES

INSTRUMENTS ARATOIRES EN GÉNÉRAL

ET PARTICULIÈREMENT SUR LA

CHARRUE A VERSOIR

PARTIE MOBILE OU A TOURNE-OREILLE.

CHAPITRE Ier.

DE LA CONSTRUCTION, DE L'AMÉLIORATION ET DU PERFECTIONNEMENT DES INSTRUMENTS ARATOIRES.

L'amélioration des instruments dont on se sert pour cultiver la terre est de la plus haute importance pour l'agriculture : outre l'état d'ameublissement auquel on peut faire arriver un sol plus facilement avec certains instruments qu'avec d'autres, l'économie de bras et de force motrice pour arriver à ces résultats, sont encore d'assez grands avantages pour être examinés.

Depuis quelques années, où l'agriculture semble sortir de cette inertie où elle est restée si longtemps ensevelie, on voit surgir de tous côtés des innovations plus ou moins bonnes les unes que les autres. De toute part l'ancienne routine se voit attaquée et harcelée par une foule de novateurs; non-seulement l'ancienne manière de cultiver est en partie subjuguée par de nouvelles méthodes, mais encore les instruments changent de forme et se dénaturent à l'infini. Là où naguère on ne voyait que la charrue connue depuis un siècle et plus, toujours avec la même régularité dans ses parties, aujourd'hui on en trouve construites de dix manières différentes. Où l'on ne voyait que la herse de bois déchirant à peine la surface du sol, on y voit un instrument construit avec art et qui défie presque la charrue pour la profondeur où il pénètre et la facilité de son emploi.

Cependant, à travers cette foule d'innovations, il est facile de reconnaître l'insuffisance qui existe dans une partie de ces découvertes, par le manque de perfectionnement, pour ne pas dire de raison, que l'œil tant soit peu observateur peut reconnaître au milieu de ce chaos.

Ici, c'est une charrue dont toutes les pièces sont mobiles, afin de changer la position du versoir, du coutre et du soc par un seul mouvement au bout de la raie pour revenir sur le même travail; là, c'est une herse se brisant et se tournant en tous sens pour atteindre aussi bien le fond d'un ravin que le dos de la planche du labour des terrains frais; plus loin, un esprit plus ingénieux veut joindre plusieurs instruments ensemble, et ignorant l'usage et l'action de chacun, veut réunir, en une seule machine, une charrue, un semoir, une herse.

Ces innovations, qui sans doute ne manquent pas de mérite, restent cependant pour la plupart inactives. Car si un génie inventif a pu les créer, il n'a pas toujours considéré les règles essentielles que doit suivre tout constructeur et tout inventeur, et ces créations, qui coûtent souvent si chers à leurs auteurs, tombent dans l'oubli. C'est en vain que des matériaux sont souvent sacrifiés; c'est en vain que des hommes qui ont quelques bonnes idées se ruinent quelquefois avant d'arriver à des résultats satisfaisants s'ils ne suivent pas les règles invariables de la construction, c'est-à-dire, la solidité, la simplicité et la facilité de l'emploi.

Le cultivateur, répugnant à quitter ses anciens instruments, se décide avec peine à se servir des nouveaux, et ceux-ci, n'ayant pas été suffisamment étudiés, ne répondent pas toujours à son attente et le forcent à les abandonner.

De là cette répugnance qui est connue pour tout ce qui est nouveau : et cependant, si toutes les idées étaient mûries, et étudiées avec soin par leurs auteurs, il y aurait plus de réussite pour eux, moins de frais et beaucoup plus d'avantage pour celui qui utiliserait les découvertes.

De la solidité.

La solidité est un des principes sur lesquels le constructeur doit se guider le plus ; car un instrument qui fonctionnera aussi bien que possible, sera bientôt abandonné s'il manque sur ce point, et cette condition rejette toute espèce de mobilité qui peut être donnée aux principales pièces de la charrue ou de la herse. La partie destinée à ouvrir le chemin aux autres, doit s'y trouver fixe et d'une force à pouvoir vaincre des résistances triples à celles qu'il doit ordinairement rencontrer. Car, ici c'est une racine, là c'est une pierre qui s'oppose au passage du soc et produit une secousse extraordinaire, que l'instrument doit supporter sans avarie. Ensuite, si les parties principales sont établies mobiles sur des pivots ou des charnières, afin de les faire jouer à volonté, non-seulement l'instrument ne présentera pas la force des assemblages fixes, mais encore il nécessitera un entretien ruineux. Par parties principales, je n'entends que l'assemblage qui supporte le soc, ce soc et la partie supérieure du versoir ; car c'est sur elles principalement que la résistance agit. Quand au coutre, qui ne peut être fixe que dans la charrue à versoir immobile, on peut lui donner la mobilité sans altérer sa solidité : car comme on est obligé à chaque instant de le changer dans les charrues à versoir partie mobile, et qu'il forme une pièce divisée de la charrue, ce sont sa solidité et celle de la lumière où il s'enchevêtre que l'on doit examiner.

De la simplicité

Si la solidité est nécessaire, la simplicité ne l'est pas

moins. Car il faut : 1° Que l'instrument soit peu coûteux, et j'entends moins par là le prix d'achat que celui d'entretien. D'autant plus que l'on aura souvent plus d'avantage à payer cher un instrument bien conditionné, que bon marché un qui le serait mal et sur lequel il y aurait continuellement à réparer. Car non-seulement ce sont toujours de nouveaux frais, mais encore des pertes de temps considérables; 2° Que tout laboureur puisse monter et démonter toutes les pièces qui composent son instrument, en assez peu de temps, afin de pouvoir remédier de suite aux dérangements qui peuvent survenir en travaillant, et emporter les parties avariées pour les faire rétablir et les replacer sans avoir besoin d'emmener l'instrument lui-même pour la moindre chose. Il n'est pas moins urgent que ces parties soient tellement simples, que le premier ouvrier venu puisse y travailler.

De la facilité de l'emploi.

Un instrument, tel bien conditionné qu'il puisse être, ne sera jamais prisé si l'usage n'en est pas extrêmement facile, s'il n'obéit avec précision dans tous ses mouvements à celui qui le conduit, et, comme le dit Thaër, s'il exige de lui une trop grande adresse, ou lui occasionne un travail trop pénible. Il faut enfin qu'il puisse être réglé sans peine, promptement et sur la place même, de manière à fonctionner de différentes façons. Il faut que ces dispositions soient indépendantes de l'action du conducteur, soit parce que l'on ne peut pas toujours se fier à lui, soit parce que les bêtes de trait ont plus de peine lorsque celui-ci est en butte à la tendance naturelle de sa charrue ou de sa herse. L'instrument ne réunissant pas toutes ces conditions, l'ouvrier ennemi des innovations ne se prêtera nullement aux circonstances et ne fera rien de bon avec lui.

Tout inventeur qui sera intimement convaincu des principes précédents, et qui, avant d'entrer en construction, les combinera avec les règles que je vais établir dans les chapitres suivants, ne courra jamais risque de se tromper si son plan est suffisamment étudié. Son travail sera goûté de tout le monde, et quand bien même il essuyerait quelques défaites à son début, il finira toujours par l'emporter sur ses prédécessurs, dont l'ancienneté de l'usage serait le seul soutien.

Ces principes, dis-je, combinés avec les règles qui suivent, suffisent pour que l'étude de tout nouveau plan jeté à la hâte sur le papier soit faite théoriquement de la manière la plus appropriée à la pratique : c'est du moins ce que l'usage m'a suggéré, et que j'espère prouver par la suite. D'ailleurs, je ne les donne pas comme étant uniquement de moi, car ils sont basés et appuyés, pour la plupart, sur les raisonnements de l'honorable Thaër, de l'habile directeur de Roville, M. Mathieu de Dombasle, et de plusieurs autres illustres agronomes qui n'ont pas dédaigné s'occuper de la construction des instruments aratoires.

CHAPITRE II.

CONSIDÉRATIONS MATHÉMATIQUES SUR LA FORCE MOTRICE NÉCESSAIRE AUX INSTRUMENTS ARATOIRES.

Axiômes.

1° Plus le point de la puissance agit directement sur celui de la résistance, moins il y a décomposition de force.

2° Plus la ligne qui établit le rapport de ces deux points est brisée, plus la force se trouve décomposée.

3° Plus la puissance est éloignée de la résistance, moins elle agit.

Par l'axiôme n° 2, j'entends seulement les angles qui peuvent être formés par des corps étrangers au point de la résistance, dans sa ligne de communication avec la puissance. Car je suis parfaitement de l'avis de M. deDombasle, qui dit, que dans toute machine, lorsque le mouvement se transmet de la puissance à la résistance par l'intermédiaire d'un corps inflexible, la transmission du mouvement se fait dans une ligne droite tirée du point d'application de la puissance à celui de la résistance, quelle que soit d'ailleurs la forme de ce corps inflexible.

THÉORÈME 1er.

Il faut toujours que le point du tirage ou de la puissance agisse le plus directement possible sur le point de la résistance.

Démonstration.

Dans les instruments aratoires, la puissance ne peut agir sur la résistance que par l'intermédiaire d'un angle, puisque la résistance a lieu sous terre et que la puissance ne peut se trouver qu'au-dessus. (Voir fig. 1).

Le point de la résistance est B, celui de la puissance est A. Mais A ne pouvant se placer en ligne droite avec B C, est obligé de communiquer à B par la ligne AC, qui le reporte à B et rétablit l'angle A C B; et plus l'angle est ouvert plus la décomposition est grande, plus il est fermé moins elle se fait sentir. Il ne faut pas oublier non plus, que le point de la puissance est pris à l'épaule des bêtes de trait, et non au point d'attache de l'instrument; c'est ce qui donne l'avantage aux animaux de petite taille : car plus ils sont grands plus l'angle est ouvert, plus ils sont petits plus il est fermé.

THÉORÈME 2.

Si la force motrice se trouve agir sur un corps étranger au point de la résistance dans le courant de sa ligne de communication, outre la décomposition opérée par l'ouverture de l'angle qui la reporte à la résistance, elle en subit une autre relative à ce corps étranger.

Démonstration.

Dans la figure 2, qui se trouve toujours reproduite dans les charrues et herses tricycles connues jusqu'à présent, outre la décomposition opérée par l'angle de communication, il s'en présentera d'autres.

Ainsi, si l'on suppose à la figure ci-dessus un corps E perpendiculaire à DC qui, dans la traction, se trouvera soulevé par la puissance A, une décomposition sera opérée, outre celle de l'ouverture de l'angle ACD, par la pesanteur du corps E, qui nécessitera l'angle ABC, et par conséquent une nouvelle décomposition, d'autant plus que ABC tendent toujours à se remettre en A C et souleveront le corps E.

Je dis que cette figure se trouve toujours reproduite dans les charrues et herses tricycles connues jusqu'ici, quoique cependant on puisse croire que les charrues sans avant-train en soient exemptes. Mais je pense que quoiqu'étant dans de meilleures conditions, elles retombent toutes plus ou moins dans le même défaut. Car en considérant le point d'attelage avec celui de la résistance et la hauteur de l'épaule des animaux de trait, on trouve un angle analogue à la figure cidessus : ce qui fait que le talon de la charrue frotte toujours fortement le fond de la raie, et par conséquent cause une décomposition. C'est pourquoi il ne faudrait pas croire que parce que l'on attèle sur l'arrière-train on évite l'inconvénient de l'attelage sur l'avant-train ; mais ce qu'il faut considérer, c'est que n'importe la profondeur du labour, le point d'attelage doit toujours se trouver assez élevé pour que le tirage ne tende pas à le faire relever davantage, car il serait impossible que cette tendance existât sans décomposer une partie de la force. Donc aussi, il faut que ce point soit indépendant de la profondeur où l'on veut fixer l'instrument et ne jamais servir de régulateur. (Voir l'exemple, fig. 3).

A, épaule des animaux de trait; B, point d'attelage de la charrue; C, extrémité de l'angle qui fait correspondre la puissance à la résistance par l'intermédiaire du corps inflexible E F E; D, point de la résistance A B C, tendront toujours à se remettre en A C, comme dans la figure précédente et dès lors il y aura une décomposition. Je sais bien que, dans certaines circonstances, le tirage serait direct : car si la hauteur de l'épaule des animaux de trait se trouvait analogue à l'enterrure de la charrue, on pourrait obtenir une ligne droite F C passant par B; mais comme ces circonstances ne sont pas rapprochables, on ne peut y compter. Donc, comme je le disais plus haut : la ligne de traction doit toujours se trouver indépendante de tout corps qui tendrait à en déranger la direction.

CHAPITRE III.

Considérations mathématiques sur la forme des parties destinées a trancher ou a retourner la terre : c'est-a-dire, sur les socs, coutre, versoirs, dents houeuses et extirpatrices.

Ayant restreint mon travail à de simples considérations mathématiques, je n'entrerai en matière que sur la forme positive des objets, sans m'étendre trop, car je ne ferais que répéter ce qu'a dit la *Maison rustique* et plusieurs autres ouvrages. Ainsi, je vais seulement raisonner mathématiquement sur la forme des objets, relativement à la résistance qu'ils éprouvent pour fonctionner.

Des socs.

Le soc est la partie de la charrue qui détache la bande de terre concurremment avec le coutre, et qui la soulève en avant du versoir.

On compte deux divisions bien distinctes de socs : les uns ayant la forme d'un fer de lance ou d'un triangle isocèle plus ou moins allongé, également tranchant des deux côtés ; les autres à une seule aile, terminée du côté qui en est privé par une ligne droite alignée avec le corps de la charrue et ne formant ainsi que la moitié des autres. Les premiers, sont indispensables pour les charrues à double versoir ou à tourne-oreille, les seconds s'appliquent aux charrues à versoir fixe (1).

Ainsi l'on voit, par l'énoncé ci-dessus, que le soc à fer de lance forme un triangle isocèle, et l'on conçoit, que plus ce triangle portera son extrémité aiguë, moins le soc éprou-

(1) *Maison rustique du XIXe siècle.*

vera de résistance pour se faire place ; car c'est absolument la même chose que l'effet du coin que le bûcheron emploie pour fendre le bois, et tout le monde sait que plus un coin est aigu plus il entre aisément.

Le soc à une seule aile forme un triangle rectangle, puisqu'il porte un angle droit sur sa base et qu'il est terminé en pointe et sur le côté par deux angles aigus ; dès lors, il suit la même règle que le soc à fer de lance : c'est-à-dire, que plus l'angle qui forme la pointe est aigu, plus il passe facilement.

Outre l'action de détacher la bande de terre, le soc doit aussi commencer à l'enlever pour faciliter l'opération du versoir. C'est pourquoi M. de Dombasle compare l'action combinée du soc avec la partie antérieure du versoir à un ciseau de menuisier, qui sert à enlever une partie de bois parallèle à la superficie, et l'action combinée du coutre et de la partie postérieure à un autre ciseau qui, prenant de côté la bande de bois soulevée par le premier, tendrait à la faire tourner sur elle-même et la jeterait dans l'ouverture qu'un premier travail aurait frayée.

La largeur des socs doit être analogue à celle des bandes de terre que l'on veut détacher, et leur longueur, pour ceux à fer de lance, doit être telle, que l'ouverture de l'angle aigu qui les termine soit de 60° (Voir fig. 4), et pour les socs simples de 40°. (Voir fig. 5).

Enfin, comme le dit Walter Blith, plus un outil est aigu ou mince, plus il perce aisément, et moins il exige que l'on emploie de force ; au contraire, plus un instrument est épais ou émoussé, plus il faut de force pour le faire travailler.

Des coutres.

Le coutre est une espèce de couteau destiné à trancher obliquement et à séparer la bande de terre. Sa forme varie suivant le système de charrue à laquelle il s'adapte ; mais son action et sa position doivent toujours se rapporter, dans tel instrument que ce soit. Son action de trancher obliquement la bande de terre et de la séparer du sol non labouré est toujours la même; mais de sa position dépend le plus ou le moins de bonté ou de régularité du travail. Un coutre placé verticalement à la superficie ne trancherait pas, et ne ferait que pousser devant lui tout ce qu'il rencontrerait. (Voir fig. 6).

Au contraire, si ce coutre incline de la ligne verticale de 60 degrés, la pointe pénètre la première à la profondeur à laquelle l'instrument est fixé, et tout ce qui compose la bande de terre prise en dessous se tranche au fur et à mesure que la machine avance. Une pierre se trouve-t-elle à la superficie, si elle est prise par dessous, la charrue, qui pénètre par degrés, la retourne et la dérange; une racine que le tranchant du coutre rencontre obliquement est coupée; au contraire, si ces parties se trouvent heurtées de front et prises en plein, elles arrêtent la charrue ou sont entraînées par elle.

La force du coutre doit être analogue au travail auquel on le destine, et l'on ne doit jamais craindre de lui en donner trop. Cette force se compose de sa largeur et de son épaisseur. Comme le coutre commence l'action de jeter de côté la bande de terre, on doit donner au dos une certaine épaisseur qui ira tout en diminuant jusqu'au tranchant, sans cependant lui en donner trop; car, comme je l'ai dit pour le soc : plus un coin est aigu plus il pénètre facilement.

Le tranchant d'un coutre doit former un triangle isocèle dont l'ouverture de l'angle aigu formant le taillant sera de 10°. C'est pourquoi je suis de l'avis de M. Somerville, lorsqu'il dit : que le coutre à double tranchant est aussi formé pour diminuer la résistance.

Des versoirs.

Le versoir est la partie de la charrue qui sert à retourner la bande de terre, détachée par le soc et le coutre. Sa partie antérieure doit être inclinée, afin de lever la terre progressivement, et sa partie postérieure contournée, afin de renverser sur elle-même cette bande que la partie antérieure a élevée d'un côté sur son propre axe.

Le mouvement du versoir pour soulever et retourner la bande de terre ne doit pas être donné de trop court; car alors la résistance devient plus considérable, par la même raison que celle énoncée ci-dessus au sujet du coutre. D'ailleurs, un versoir qui souleverait et retournerait la bande de terre trop brusquement, outre qu'il augmenterait la résistance par un frottement violent, foulerait la terre; et, comme le dit M. Baillot de Saint-Martin, toutes les charrues qui foulent la terre ne conviennent pas à l'agriculture; car en foulant la terre on n'ameublit pas le sol, et l'on empêche les sucs qui y sont renfermés de nourrir les végétaux et principalement les céréales qui ne pivotent pas.

J'observerai cependant, que si un versoir ne doit pas fouler le labour, il ne doit pas le lisser non plus : c'est-à-dire, que la bande de terre doit se trouver brisée continuellement sur sa longueur pour faciliter l'effet des agents atmosphoriques. C'est pourquoi je n'établis pas l'angle antérieur à partir de la pointe du soc, mais de l'extrémité du versoir, ce qui fait que la bande de terre soulevée par le soc à 10 dégrés, je suppose, ne peut passer sur le versoir qui forme un angle de 30 à 35 degrés d'ouverture, sans se briser au point de jonction de ces deux lignes par sa propre pesanteur. (Voir fig. 7).

A B, superficie ; C D, bande de terre; F, soc; E, partie antérieure du versoir s'adaptant sur le soc. La bande de terre C D ne pourra passer sur les corps E F sans que sa propre pesanteur ne la fasse rompre au point I ; donc, ici la bande de terre se trouvera brisée continuellement sur sa longueur ; c'est pourquoi il faut toujours donner assez d'ouverture à l'angle antérieur du versoir et ne jamais lui faire continuer l'angle formé par le soc : je fixe donc l'ouverture de ce premier à 35°, et celle de celui du soc à 15.

De même que lord Somerville dit : pour peu que l'on fît le poitrail et le gosier de la charrue plus obtus ou plus épais qu'ils ne doivent l'être, il est indubitable que ce changement seul ajouterait beaucoup au poids du trait. Dans ce cas, la difficulté du trait sera toujours plus ou moins augmentée, selon que cette partie de la charrue sera plus ou moins obtuse. Ainsi donc, je pense que l'on peut comparer l'effet de l'avant du versoir combiné avec le soc à un coin qui tendrait à élever de côté la bande de terre, et l'effet de l'arrière avec le coutre, à un autre qui, une fois que cette bande serait levée, tendrait à la renverser sur elle-même, comme je l'ai dit plus haut. Alors, plus ces coins seront aigus, plus ils pénétreront facilement. (Voir fig. 8).

Ayant donné ci-dessus l'ouverture de l'angle terminant le premier coin, je fixe celle du second, c'est-à-dire de celui destiné à renverser la bande de terre à 20 degrés. La longueur du tout de 120 cent. On trouvera l'ouverture de l'angle du premier en prenant le dessous du cep pour base, et celle du deuxième en prenant le côté et la pointe du coutre pour extrémité. Je fixe la longueur du tout à 120 cent.; c'est-à-dire depuis la pointe du soc jusqu'au talon du cep. Car le mouvement peut être donné suffisamment doucement avec cette longueur, et lui en donner davantage serait augmenter les frottements.

Des dents houeuses.

Les dents houeuses sont destinées à arracher le chiendent qui se trouve à une certaine profondeur : il faut donc qu'elles puissent pénétrer très avant ; pour cela, on doit leur donner peu de largeur et les terminer par une pointe très aiguë ; il faut aussi qu'elles aient beaucoup d'inclinaison, afin d'offrir moins de résistance à la traction : c'est ce que l'on appelle nager. En prenant le sol pour base, on doit leur faire former un angle de 35 degrés d'ouverture environ. (Voir fig. 9 et 10).

Je fixe la largeur des dents à 9 centimètres ; quand à la longueur, elle doit être proportionnée à la hauteur du châssis.

Des dents extirpatrices.

Les dents extirpatrices sont destinées à ameublir le sol ; c'est-à-dire qu'elles servent à couper toutes les mauvaises herbes qui croissent à la superficie. Leur forme doit être celle d'un soc à fer de lance, mais à angle moins aigu, afin que la tête de l'herbe ne puisse pas s'échapper en glissant sur le côté : destinées aussi à des travaux superficiels, elles doivent former avec le sol un angle très aigu ; c'est-à-dire nager beaucoup. (Voir fig. 11 et 12).

—

Planche I.

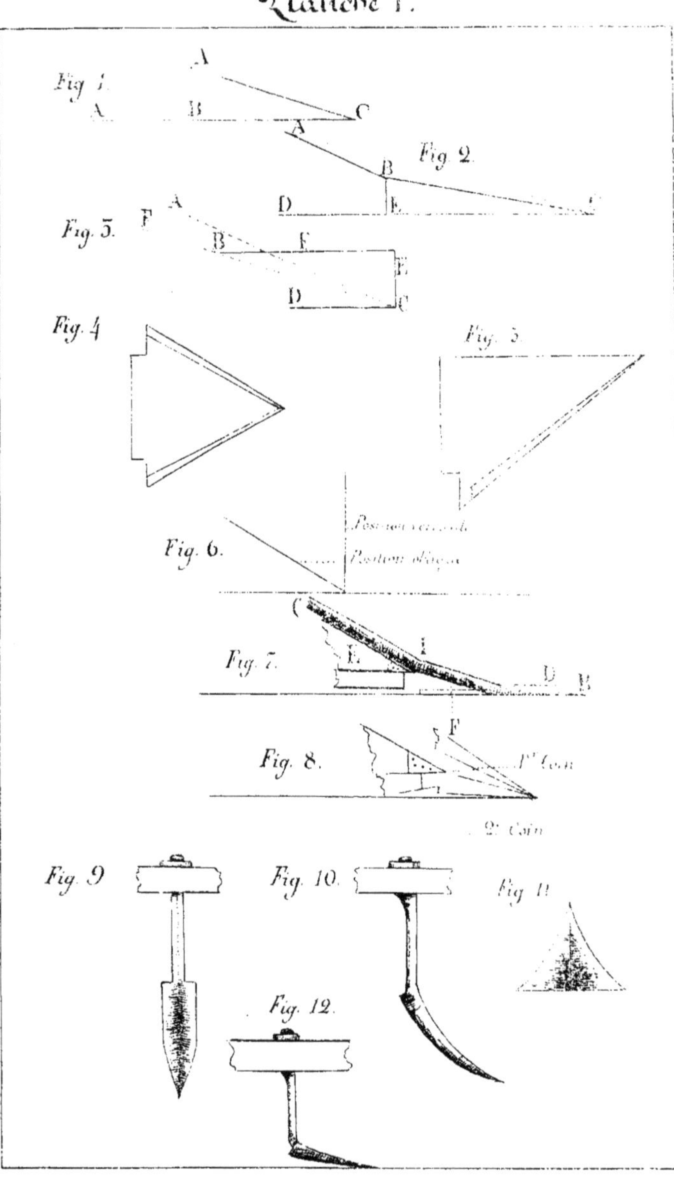

Fig. 1.
A
B
C
Fig. 2.
A
B
D
E
Fig. 3.
A
B
F
E
D
C
Fig. 4
Fig. 5.
Fig. 6.
Position oblique
C
Fig. 7.
E
I
D
B
F
Fig. 8.
1er Coin
2e Coin
Fig. 9
Fig. 10.
Fig. 11
Fig. 12.

CHAPITRE IV.

DE LA CHARRUE A VERSOIR PARTIE-MOBILE OU A TOURNE-OREILLE (1) PERFECTIONNÉE ET AMÉLIORÉE. SES AVANTAGES SUR LES ANCIENS SYSTÈMES RÉSULTANT DE L'APPLICATION DES PRINCIPES ÉNONCÉS PRÉCÉDEMMENT.

Les charrues à tourne-oreille ordinaires ont le grand avantage de pouvoir tracer en allant et en revenant des sillons contigus, puisqu'elles versent la terre toujours du même côté de l'horizon. Elles abrègent ainsi le travail en évitant les allées et venues indispensables avec les charrues à versoir fixe, pour passer d'un sillon à l'autre dans les labours en planches. Mais, d'un autre côté, elles présentent deux inconvénients fort graves aux yeux de tous ceux qui savent apprécier les conditions d'un bon labour. D'une part, la forme de leur soc, qui soulève bien moins le sol, et qui perd une partie de sa puissance en le soulevant inutilement du côté opposé au versoir; de l'autre, la disposition de la forme de la planchette qui leur sert de versoir, et qui retourne incomplètement la terre (2).

Blith dit aussi, en parlant de la charrue à tourne-oreille : « Il y a une autre charrue à double roue; on la nomme charrue à tourne-oreille. Celle-ci surpasse toutes les autres charrues que j'ai vues en grossièreté et en pesanteur. Elle est fort en usage dans le comté de Kent, en Picardie et en Normandie. Je suis persuadé que l'on peut lui donner une forme moins grossière et en tirer un bon parti. Je hais la

(1) Je dis partie-mobile, parce que l'oreille ne forme véritablement que la moitié du versoir, et que les fourchettes ou gosier forment la première partie, dont l'action est de soulever la bande de terre, tandis que l'oreille ne fait que la renverser.

(2) *Maison rustique du XIXe siècle.*

difformité et la pesanteur de cet instrument, mais j'aime l'idée du tourne-oreille. »

Ainsi l'on voit, par ce qui précède, que non-seulement l'usage et l'ancienneté de service militent en faveur des charrues partie-mobile ou à tourne-oreille, mais encore des agronomes distingués en reconnaissent et en avouent le mérite. D'ailleurs des constructeurs habiles se sont occupés de son perfectionnement, et M. de Valcourt même à fait construire une charrue qui, fonctionnant dans un sens analogue à la navette d'un tisserand, produit en partie l'effet de la charrue à tourne-oreille: c'est-à-dire qu'elle va et vient sur le même travail. Un constructeur moins célèbre, mais non moins heureux dans ses idées, a réuni sur le même âge deux corps de charrue placés dans un sens opposé, de manière que l'un est en l'air lorsque l'autre laboure, et à l'extrémité de chaque raie elle change de versoir au moyen d'une manœuvre opérée par le conducteur : de cette manière, cette charrue réunit les avantages des charrues à versoir fixe et de celles à tourne-oreille: c'est sans contredit un bon instrument; mais je crains que son auteur, M. Paris, ne puisse le rendre simple et facile à l'emploi, et par conséquent en tirer tout le parti que l'on pourrait en attendre. Car non-seulement il faut un bon conducteur pour manœuvrer cet instrument, mais encore un ouvrier habile pour l'entretenir ou le réparer. Quand ces deux conditions se réunissent, on peut tirer un grand parti de cette découverte, mais malheureusement elles se rencontrent trop rarement, et parmi les cultivateurs qui emploient ces charrues, il n'y a que ceux qui s'appliquent eux-mêmes à les régler qui en tirent tout l'avantage que l'on peut en espérer. D'ailleurs, dès le moment que ce sont deux corps distincts de charrue qui sont parallèles l'un à l'autre, on conçoit la grande régularité qu'il faut leur conserver pour que le travail ne soit pas difforme. Cependant je ne cesse pas de dire que c'est un bon instrument et qui pourrait être perfectionné si un brevet d'invention n'en arrêtait pas l'amélioration. D'autres personnes ont encore travaillé à améliorer ce système de charrue tourne-oreille. M. Guillaume en a simplifié l'avant-train; d'autres, par des parties pivotantes ou par des mouvements analogues donnés aux différentes pièces de la charrue, ont cherché aussi des perfectionnements; mais la plupart sont tombés dans l'oubli, parce qu'on ne leur a pas bien appliqué les règles de la construction que j'ai développées dans les chapitres précédents, et l'ancienne charrue à versoir partie-mobile, malgré ses défauts avoués, a toujours surpassé celles qui voulaient la remplacer en s'éloignant de son principe. Donc le principe est bon, et s'il y a quelques défauts dans l'application, ce sont eux qu'il faut détruire, non le principe : voilà ce que je me suis efforcé de faire, et que je vais développer.

Etant convaincu de l'avantage des charrues à tourne-oreille, j'ai cherché à en apprécier les défauts et à en découvrir les causes. Pour cela, j'ai rapproché autant que possible les différents modèles de ces instruments: j'ai trouvé de grandes différences dans leur construction. La charrue construite en Picardie est beaucoup plus légère dans ses parties, mais aussi plus obtuse, c'est-à-dire, que son soc, son coutre et ses versoirs forment généralement des figures moins aigues que les mêmes parties construites dans l'Ile-de-France, et je pense que l'on peut regarder ces instruments comme formant deux catégories; c'est pourquoi on les appelle communément charrue de France ou charrue picarde, selon la forme qui leur est particulière. Le soc de la charrue picarde s'appelle soc rond, parce qu'il enchausse l'extrémité des fourchettes et du cep : par conséquent la pointe pénètre plus profondément que les ailes et forme une raie ronde. Celui de la charrue de France s'appelle soc plat, parce qu'il enchausse seulement l'extrémité du cep, et que, par conséquent, la pointe se trouve à peu près d'aplomb avec les ailes et forme une raie plate; d'où il ressort que la terre est beaucoup mieux tenue par ce dernier que par le soc picard (1). Au reste, toutes les parties de ces instruments sont à peu de chose près les mêmes, si ce n'est, comme je l'ai dit plus haut, la charrue picarde, qui porte ses extrémités moins aiguës que la charrue de France, et par conséquent passe moins bien. C'est donc aux charrues construites dans l'Ile-de-France que je me suis attaché, et les ayant analysées avec les principes énoncés précédemment, j'ai trouvé :

1° Que le tirage n'agissait pas directement sur la résistance;

2° Que l'enterrure se réglait difficilement et pas assez lestement;

3° Que l'oreille, étant plate, ne retournait pas la terre comme il était nécessaire qu'elle le fût;

4° Que le soc portait généralement ses ailes trop larges, ce qui faisait qu'elles fouillaient inutilement la raie voisine.

C'est pourquoi, retirant le point d'attelage de l'avant-train, je l'ai fixé à l'arrière, au moyen d'une tringle qui prend une bride mobile boullonnée derrière la lumière : de sorte que la puissance agit directement sur ce point; puisqu'à telle profondeur que soit la charrue, la ligne de l'épaule des animaux de trait et du boulon qui supporte la bride derrière la lumière est toujours droite, d'autant plus que la tringle de communication joue verticalement dans un support monté à cet effet sur l'avant de la charrue. Cette ligne de traction directe est entièrement nouvelle; car je ne ne pense pas que personne

(1) Je pense que la forme différente de ces socs leur a été donnée par rapport aux terrains dans lesquels ils étaient appelés à fonctionner. Car le sol de la Picardie est en général siliceux, et a par conséquent moins besoin d'être divisé que le sol compact de l'Ile-de-France. C'est pourquoi aussi, dans quelques endroits, on a adapté une pointe d'acier à l'extrémité des socs picards, afin qu'ils pénètrent plus facilement.

avant moi en ait fait usage, et elle est même adaptable à toutes les charrues et herses tricycles en général.

Quand à l'enterrure, qui, dans toutes les charrues de France ou à tourne-oreille, s'opère en faisant monter ou descendre sur l'âge la partie nommée chignon, qui sert à fixer l'arrière-train sur l'avant, et dont un certain nombre d'anneaux, que l'on fixe entre ce chignon et une clef en fer s'adaptant sur la haie, règle la profondeur du labour par le rapprochement ou l'éloignement de la partie nommée suivant, je l'ai réglée par l'adaptation de l'avant-train déjà connu, où l'âge passe dans une sellette montant et descendant sur deux colonnes, et cela au moyen d'une vis fixée au sommet de ces colonnes et à l'aide de laquelle en peut enterrer et déterrer en marchant, ce qui ne pouvait avoir lieu par l'ancien mode.

Pour ce qui concerne l'oreille plate, j'ai dit la raison pour laquelle elle ne pouvait me convenir ; mais ce n'est qu'en étudiant les vieilles que je possédais, en voyant les parties qui avaient le plus souffert par les frottements, que j'en ai fait confectionner une dont la forme se rapprochait des leurs. J'ai fait travailler cette nouvelle oreille, qui s'est modifiée par le travail ; c'est sur le modèle de celle-ci que j'en ai fait établir en forte tôle, et, depuis lors, ces nouvelles, oreilles s'éclaircissant et se polissant plus vite que le bois, non-seulement passent mieux que celles fabriquées en cette substance, mais encore portent également dans toutes leurs parties sur la bande de terre, et donne une régularité et une forme beaucoup plus propre au labour. En thèse générale, c'est en étudiant les vieux versoirs que l'on peut améliorer les nouveaux.

Enfin, les ailes des socs auxquelles on reprochait de soulever inutilement la terre de la bande voisine, ont été rétrécies et fixées en ligne droite avec la pointe du coutre, de sorte que l'effet qu'on leur reprochait est disparu.

Ainsi qu'on pourra le voir par l'examen de la figure qui

suit, j'ai continuellement conservé le principe et n'ai attaqué que les défauts.

Heureux si mon travail répond à mes intentions.

Nota. Outre l'approbation donnée à ce nouveau système de charrue tourne-oreille par les commissaires des sociétés d'agriculture auxquelles il a été présenté, trois ans d'usage et d'emploi consécutifs en assurent la réussite, et l'économie d'un tiers de force motrice ne saurait plus être mise en doute.

FIN.

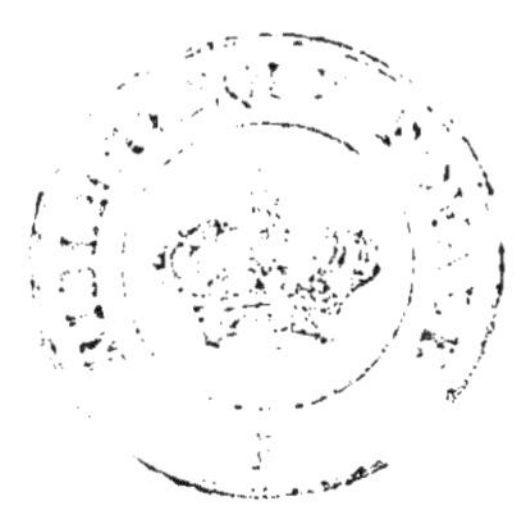

Planche II.

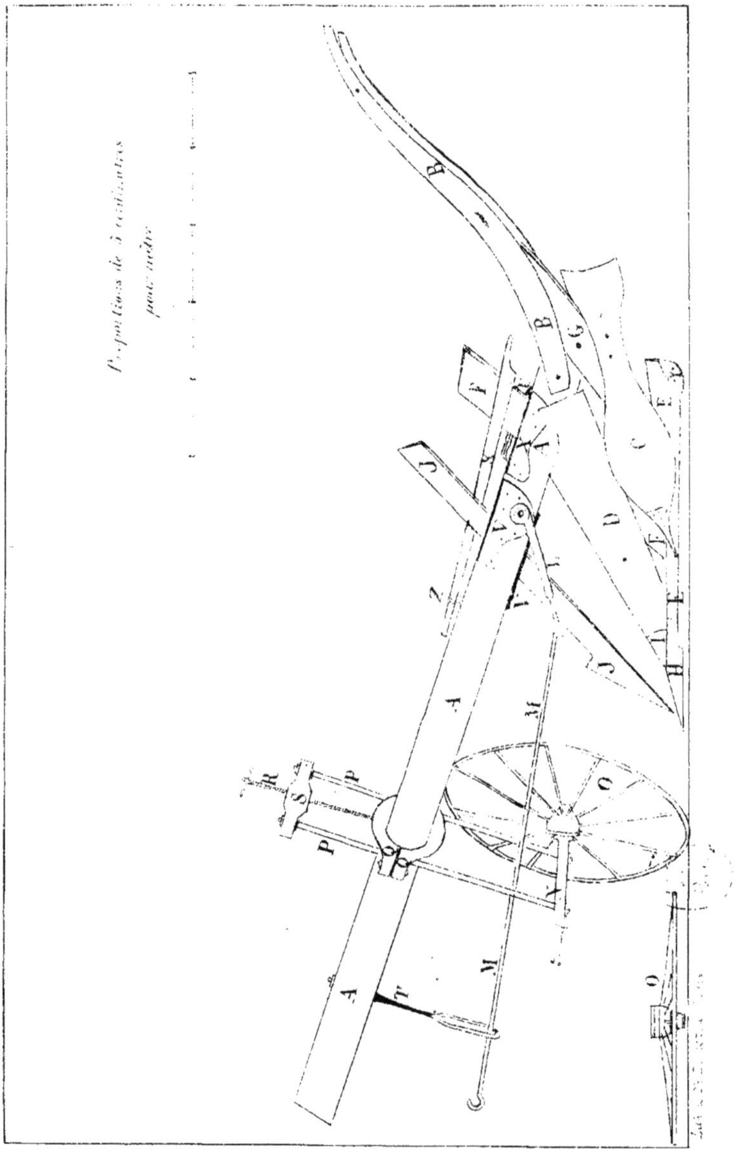

Proportions de 5 centimètres pour mètre

CHAPITRE V.

PLAN ET EXPLICATION DE LA CHARRUE A VERSOIR PARTIE MOBILE PERFECTIONNÉE ET AMÉLIORÉE.

Afin de faciliter la conception de la figure de la planche II, j'ai représenté l'instrument dans une position oblique, avec une rouelle démontée.

AAA. Flèche ou âge.

BB. Manches.

C. Oreille ou versoir mobile en fer.

D. Fourchettes.

EE. Cep.

FF. Aiguille concourant avec l'étançon G à joindre le cep à l'âge.

G. Etançon se fixant un peu avant l'extrémité du cep E, et terminant l'arrière-train de la charrue. Il reçoit l'âge A vers l'extrémité inférieure des manches B, puis va se terminer à la barette qui unit les manches dans le milieu.

H. Soc en fer de lance.

I. Fer à fourchettes.

JJ. Coutre.

K. Playon servant à faire aller la pointe du coutre J du coté nécessaire pour trancher la bande de terre que l'on désire retourner. C'est pourquoi l'oreille C doit toujours se trouver à l'opposé de la direction du coutre.

L. Bride sur laquelle se fixe la tringle de traction MM.

MM. Tringle de traction et d'attelage.

N. Essolet.

OO. Rouelles.

PP. Colonnes ayant l'essieu pour base et l'oiseau pour transversale supérieure.

QQ. Corps de sellettes divisé en deux parties dans lesquelles tourne l'âge, et fixées ensemble par quatre boulons.

R. Vis de pression.

S. Oiseau servant de point d'appui à la vis de pression.

T. Support dans lequel passe la tringle M.

U. Coin de dépique. L'usage de ce coin est de relever la pointe du soc en appelant proportionnément à ce qu'on l'enfonce dans la mortaise pratiquée à l'intérieure de l'aiguille.

VV. Branlets de lumière. C'est-à-dire ferrements qui empêchent la lumière de varier par le mouvement continu du coutre, en le changeant de côté.

X. Ferrement sur lequel joue le coin de dépique.

Y. Fer à talon.

Z. Prêtre, ou crampon dans lequel joue le playon.

Nota. Je ferai observer que toutes les parties sont fixées par des vis ou des boulons a écrou.

FIN.

ERRATA.

Page 11, ligne 4, au lieu de *rétablit*, lisez *établit*.
— ligne 29; au lieu de *souleveront*, lisez *soulèvent*.
— ligne 31, au lieu de *jusqu'ici*, lisez *jusqu'alors*.
Page 13, ligne 4, au lieu de *coutre*, lisez *coutres*.

www.ingramcontent.com/pod-product-compliance
Ingram Content Group UK Ltd.
Pitfield, Milton Keynes, MK11 3LW, UK
UKHW022146260726
13993UKWH00005B/2190

9 782329 486239